SUPPLÉMENT

AU GUIDE MANUEL

DE L'INVENTEUR

ET DU FABRICANT

PARIS. — IMPRIMERIE CHARLES BLOT, RUE BLEUE, 7.

SUPPLÉMENT AU GUIDE MANUEL
DE L'INVENTEUR
ET
DU FABRICANT

RÉPERTOIRE PRATIQUE ET RAISONNÉ

DE LA PROPRIÉTÉ INDUSTRIELLE
EN FRANCE ET A L'ÉTRANGER

EN MATIÈRE

DE BREVETS D'INVENTION

DESSINS ET MARQUES DE FABRIQUE

DÉPOTS DE MODÈLES, PRODUITS ARTISTIQUES ET INDUSTRIELS

PAR

ARMENGAUD JEUNE

INGÉNIEUR-CONSEIL, MEMBRE DE PLUSIEURS SOCIÉTÉS SAVANTES

Sois utile !...

ANNEXE DE LA SIXIÈME ÉDITION
comprenant les lois récentes

AUX ÉTATS-UNIS, EN ALLEMAGNE & EN ESPAGNE

DEUXIÈME PARTIE
LÉGISLATION ÉTRANGÈRE

PARIS

A L'OFFICE INDUSTRIEL DES BREVETS D'INVENTION

De M. ARMENGAUD Jeune

23, Boulevard de Strasbourg, 23

ET CHEZ LES PRINCIPAUX LIBRAIRES

1879

SUPPLÉMENT AU GUIDE MANUEL
DE L'INVENTEUR

ET
DU FABRICANT

RÉPERTOIRE PRATIQUE ET RAISONNÉ

DE LA PROPRIÉTÉ INDUSTRIELLE

EN FRANCE ET A L'ÉTRANGER

EN MATIÈRE

DE BREVETS D'INVENTION

DESSINS ET MARQUES DE FABRIQUE

DÉPOTS DE MODÈLES, PRODUITS ARTISTIQUES ET INDUSTRIELS

PAR

ARMENGAUD JEUNE

INGÉNIEUR-CONSEIL, MEMBRE DE PLUSIEURS SOCIÉTÉS SAVANTES

Sois utile !...

ANNEXE DE LA SIXIÈME ÉDITION

comprenant les lois récentes

AUX ÉTATS-UNIS, EN ALLEMAGNE & EN ESPAGNE

DEUXIÈME PARTIE
LÉGISLATION ÉTRANGÈRE

PARIS

A L'OFFICE INDUSTRIEL DES BREVETS D'INVENTION

De M. ARMENGAUD Jeune

23, Boulevard de Strasbourg, 23

ET CHEZ LES PRINCIPAUX LIBRAIRES

1879

SOMMAIRE

AVANT-PROPOS

Quelques mots sur le projet d'une codification universelle
des lois de Brevets d'invention

Historique. — Analyse. — Texte des LÉGISLATIONS ACTUELLES
des Brevets d'invention
aux ÉTATS-UNIS DE L'AMÉRIQUE DU NORD,
en ALLEMAGNE et en ESPAGNE

AVANT-PROPOS

DE CETTE ÉDITION SUPPLÉMENTAIRE ·

Toutes les nations civilisées, à l'exception de la Hollande, qui a supprimé sa loi de brevets en 1868, et de la Suisse, qui commence seulement à en préparer une, possèdent des législations protégeant les inventeurs, c'est-à-dire leur accordant des brevets d'invention.

D'après chaque législation, le brevet est un titre qui, sans consacrer d'une manière absolue la propriété de l'inventeur sur sa découverte, fixe une date de priorité qui lui permet de défendre son œuvre contre les contrefacteurs. Mais, à part ce principe commun qui est la base fondamentale de toutes les lois, celles-ci se distinguent entre elles sous le double rapport des conditions à remplir pour l'obtention d'un brevet et des obligations imposées au breveté.

Ni la durée, ni le délai accordé pour la mise en exploitation, ni le montant des taxes à payer ne sont les mêmes dans tous les pays.

Dans certains États, tels que la France, la Belgique, l'Angleterre, l'Italie et l'Espagne, le brevet est délivré sans examen. Dans d'autres, au contraire, comme les États-Unis d'Amérique, l'Allemagne, la Russie, la demande du brevet est soumise à un examen préalable de la part d'une commission spéciale, qui décide du refus ou de la délivrance du brevet.

De plus, d'un pays à l'autre, on voit varier les cas de nullité et de déchéance, les formalités pour le transfert des brevets, et enfin la procédure à suivre pour exercer les poursuites en contrefaçon.

En présence de toutes ces divergences, on comprend combien il est nécessaire à un inventeur de connaître dans toutes leurs dispositions les diverses lois auxquelles il a demandé la protection de sa découverte. C'est pour répondre à ce besoin qu'a été créé le *Guide-Manuel de l'inventeur*, le premier ouvrage de ce genre qui ait réuni et expliqué les textes des législations étrangères sur les brevets d'invention. Les nombreuses éditions de cet ouvrage justifient de la faveur qu'il a rencontrée parmi les industriels et les inventeurs. Nous espérons que le même accueil sera réservé à cette édition supplémentaire, qui a été nécessitée par les modifications et les transformations apportées récemment dans la législation des brevets aux États-Unis, en Allemagne et en Espagne.

Dans la composition et l'ordonnance de ce supplément, j'ai conservé le système des éditions précédentes. Après un historique succinct, je donne la reproduction fidèle de la loi, précédée d'un court résumé analytique.

Dans cette analyse, j'ai tenu à être sobre de développements, voulant éviter des commentaires, qui, ne pouvant tout prévoir, déroutent souvent le lecteur au lieu de le guider. Il m'a paru préférable de donner à l'inventeur le texte même des lois, pour qu'il puisse s'y reporter chaque fois qu'il voudra s'éclairer sur une de ces innombrables et délicates questions que soulève la législation de la propriété industrielle. S'il hésite sur l'interprétation de tel ou tel article de loi, il aura toujours la ressource de consulter les hommes compétents dont l'expérience et la pratique constante des affaires de cette nature lui seront plus utiles que la lecture de ces considérations théoriques et spéculatives que l'on trouve dans certains ouvrages.

QUELQUES MOTS

Du Projet d'une codification universelle des lois de Brevets d'invention

Dans l'intervalle de temps qui s'est écoulé depuis la précédente édition, des tentatives sérieuses ont été faites pour arriver à l'unification des législations sur la protection de la propriété industrielle. Bien qu'aucun résultat n'ait encore été obtenu, le but visé est d'une portée si considérable pour les inventeurs, que je crois devoir résumer en quelques mots les différents progrès que cette question a accomplis.

Les complications et les divergences que présentent les lois de brevets dans les différents États ont depuis longtemps fait surgir l'idée d'une codification universelle pour la sauvegarde des droits des inventeurs. C'est pour étudier cette importante question que des jurisconsultes et des solliciteurs de brevets de différents pays se réunirent à Vienne, à l'occasion de l'Exposition qui eut lieu dans cette ville en 1873. Ce fut là le premier congrès de la propriété industrielle. Par suite d'un oubli fâcheux, la France ne fut pas représentée à ce congrès. D'ailleurs, les résultats obtenus ne furent pas très satisfaisants. On se borna à formuler des vœux qui attendent encore leur réalisation.

Toutefois, il convient de reconnaître que c'était un premier jalon planté sur la route du but à atteindre, et que c'est sous l'influence des résolutions prises à ce congrès, que l'Allemagne en 1877, et plus tard l'Espagne en 1878, ont réformé leurs lois de brevets dans un sens plus libéral et plus favorable à l'inventeur.

Un pas plus décisif a été fait par le congrès qui s'est tenu à Paris, au palais du Trocadéro, pendant l'Exposition universelle de 1878. Ce congrès, dont l'idée est due à l'initiative de notre collègue et ami M. Ch. Thirion, s'ouvrit sous la présidence de M. Teisserenc de Bort, alors ministre de l'agriculture et du commerce. Les principaux États étrangers y envoyèrent comme délégués des ingénieurs distingués, des jurisconsultes éminents. Il va sans dire que prirent part à ce congrès nos premiers avocats en matière de propriété industrielle, en particulier MM. Huard, Pataille, Pouillet ; des manufacturiers rompus à ces questions, tels que MM. Barbedienne, Poirrier, et enfin les principaux ingénieurs solliciteurs de brevets à Paris.

Nous eûmes l'honneur de compter parmi les membres du comité qui prépara le programme des questions à traiter au congrès avec MM. Armengaud aîné, Barrault, Desnos et Thirion, nos honorables confrères.

De longues et intéressantes discussions remplirent

les neuf séances de ce congrès. On y passa en revue
toutes les questions relatives à la protection de la
propriété industrielle sous toutes ses manifestations:
brevets d'invention, marques de fabrique, dessins et
modèles industriels. Dans chaque séance, on adopta
des résolutions précises, parfaitement formulées,
dont la première a exprimé, dans les termes suivants : le principe, je pourrais dire l'axiome fonda-
mental de la reconnaissance de l'existence de la
propriété industrielle :

*Le droit de propriété d'un inventeur sur l'œuvre
de sa création est un droit naturel; la loi ne le crée
pas, elle ne fait que le réglementer.*

On s'attacha surtout, et c'était là le but principal
du Congrès, à poser les bases d'une entente intermédiaire ; et, à cet effet, le congrès, avant de se sé-
parer, nomma une commission permanente, en lui
laissant le soin d'achever son œuvre.

Dans la discussion qui a eu lieu au sujet de l'entente internationale, celui qui écrit ces lignes a dé-
veloppé une proposition destinée surtout à fixer le
droit de priorité de l'inventeur pour la prise des
brevets dans tous les pays. Il s'honore d'avoir sou-
tenu cette doctrine contre ceux qui voulaient encore
astreindre l'inventeur à des formalités aussi com-
pliquées que celles qui entourent aujourd'hui la
demande et l'obtention des brevets.

Il m'a semblé que les États, surtout ceux qui,
comme l'Allemagne et l'Espagne, venaient de refaire
leurs lois de brevets, seraient peu disposés à les

abandonner pour se soumettre à une loi unique. Aussi ai-je été d'avis que, pour le moment, il fallait aller au plus pressé, et chercher quelques dispositions transactionnelles qui, sans enlever aux lois existantes leur caractère antérieur et personnel, inhérent aux mœurs de chaque pays, serviraient de lien entre elles, pour la sauvegarde du droit de l'inventeur.

C'est dans ce sens que j'ai présenté quelques propositions, en m'inspirant de la loi des États-Unis et de celle de l'Autriche-Hongrie. Actuellement, quelle est la situation de l'inventeur? Il est obligé, dès qu'il a pris son brevet dans son propre pays, et avant de l'y exploiter, de se faire breveter dans la plupart des pays étrangers. Faute par lui de prendre ces précautions à temps, il risque d'être devancé par d'autres ou de se voir refuser le brevet, ou d'obtenir un brevet atteint de nullité par suite de la publicité qui a pu, dans l'intervalle et à son insu, être donnée à son invention.

La prise de ces brevets, à cause des taxes et des frais pour les nombreuses formalités à accomplir, nécessite une dépense très lourde pour l'inventeur.

C'est, pénétré de cette situation pénible et injuste, que j'ai émis une proposition qui garantit le droit de l'inventeur et le dispense de prendre immédiatement ses brevets. Voici les termes suivant lesquels on peut la formuler :

L'inventeur est assuré d'un droit de priorité absolu pour la prise de ses brevets étrangers pendant la première année du brevet qu'il a obtenu dans son pays d'origine.

Les autres propositions ne sont que des corollaires de la précédente.

Pour demander un brevet, il suffira à l'inventeur déjà breveté à l'étranger depuis moins d'un an, de produire la preuve de l'existence de ce brevet, ou d'en fournir un extrait authentique.

Si cette simple disposition à titre d'article additionnel était ajoutée aux lois existantes, le droit de l'inventeur serait sauvegardé pendant un délai suffisamment long pour qu'il ait le temps d'expérimenter son invention, et cependant trop court pour porter préjudice aux autres pays ; ce droit serait défendu contre les effets de la fraude et réservé contre les conséquences d'une publicité hâtive de l'invention.

Plusieurs de mes confrères, et notamment MM. BARRAULT et POLLOK (de Washington) ont appuyé ma proposition. Comme moi, ils ont combattu l'idée de faire déposer par l'inventeur des descriptions de son invention dans les divers consulats, en démontrant combien ces formalités seraient impraticables et dispendieuses, et souvent même illusoires.

Au dernier moment, j'apprends que ma proposition a prévalu au sein de la commission permanente, et qu'elle fait partie du projet minimum que la section française, présidée par M. BOZERIAN, sénateur, a remis le vendredi 18 juin à M. TIRARD, ministre de l'Agriculture et du Commerce. M. TIRARD, après avoir remercié la commission, a promis de mettre

M. le ministre des Affaires étrangères à même de
saisir les divers gouvernements du projet de création
d'une réunion internationale pour la protection de
la propriété industrielle.

Ainsi, un grand progrès a été accompli vers la so-
lution si désirée, et on peut espérer que les vœux
du Congrès de Paris deviendront une réalité. Mais
le jour est peut-être encore éloigné où s'établira ce
lien entre toutes les lois existantes. Jusque-là, il faut
donc que l'inventeur, aidé des conseils des hommes
spéciaux, agisse dans la mesure de ses moyens, s'il
tient à s'assurer, dans les principaux pays, la propriété de sa découverte.

DE L'INVENTEUR ET DU FABRICANT

LÉGISLATION AMÉRICAINE

(ETATS-UNIS DE L'AMÉRIQUE DU NORD)

Historique.

L'Amérique du Nord a suivi l'Angleterre et précédé la France dans l'adoption du principe de la propriété industrielle.

Mais bien que ce principe ait été posé dans l'article 1er de la constitution des États-Unis du 17 septembre 1787 ainsi conçu : Exciter les progrès des sciences et des arts utiles, en assurant, pour un temps limité, aux auteurs et inventeurs, un droit exclusif sur leurs écrits et découvertes ; cependant la législation américaine n'a été organisée que postérieurement aux lois françaises sur les brevets d'invention.

Le premier statut du sénat et de la chambre des représentants, concernant les privilèges industriels

2

sous le titre « acte pour favoriser les progrès des arts utiles » porte la date du 10 Avril 1790.

Cet acte fut abrogé par un statut du 21 février 1793 ; ce dernier étendu par un acte ultérieur en date du 17 Avril 1800 et amendé en 1832, composa jusqu'en 1836 l'ancienne législation américaine.

Depuis divers amendements successifs et des actes additionnels ont été apportés à cette législation, en voici la nomenclature :

Actes du 4 Juillet 1836, — 3 mars 1837, — 3 mars 1839, — 29 août 1842, — 6 août 1846. — 27 mai 1848, — 3 mars 1849, — 3 mars 1851, — 30 août 1852, — 31 août 1852, — 3 mars 1853, — 22 avril 1854, — 3 mars 1855, — 18 août 1856, — 3 mars 1859, — 18 février 1861, — 2 mars 1861, — 3 mars 1863, — 25 juin 1864, — 3 mars 1865, — 27 juin 1866, — 29 mars 1867, — 20 juillet 1868. — 23 juillet 1868 et 3 mars 1869.

Enfin le 8 juillet 1870, a été décrété un dernier statut qui révise, consolide et amende tous les statuts antérieurs concernant les brevets d'invention.

D'après cette loi, qui est la seule maintenant en vigueur, les étrangers sont complètement assimilés aux nationaux, en ce qui concerne les taxes ; toutefois la durée des patentes américaines qui est de 17 années lorsque l'invention est entièrement nouvelle, est réduite pour les inventions déjà brevetées à l'étranger, au terme restant à courir au brevet originaire.

En outre, les citoyens des États-Unis, ou les étrangers résidant depuis une année et ayant prêté serment de devenir citoyens américains, conservent la faculté de se garantir provisoirement la propriété de leur invention par un « *caveat* » dont le dépôt reste secret pendant une année.

Enfin le statut qui ne comporte pas moins de 111 articles abroge tous les actes antérieurs ; et par suite se trouve supprimée l'obligation imposée aux étrangers d'exploiter l'invention dans les 18 mois de la date de la délivrance de la patente américaine.

Nous donnons plus loin le texte des principaux articles de la loi. Nous en résumerons d'abord les dispositions essentielles.

RÉSUMÉ

DE LA LÉGISLATION DES ÉTATS-UNIS D'AMÉRIQUE

(LOI DU 8 JUILLET 1870)

d'après le règlement arrêté le 15 juillet 1870

Tout inventeur, citoyen ou étranger, peut obtenir une patente aux États-Unis. La durée est de 17 ans, mais si l'invention est déjà brevetée à l'étranger, la patente expirera au terme du brevet étranger.

La demande doit être adressée au commissaire des patentes et en langue anglaise ; elle doit être accompagnée d'une déclaration ou affidavit, d'une spécification claire et précise de l'invention et d'un dessin, s'il en est nécessaire, roulé et non-plié. Ces pièces, réunies ensemble, sont signées par le titulaire en présence d'un consul américain et avec l'assistance de deux témoins.

Il faut joindre à la demande un modèle ou la composition selon la nature de l'invention. Ce modèle qui peut être en bois peint et verni ne doit pas excéder une dimension de 30 centimètres en tous sens.

Le dessin devant être reproduit par la photolithographie doit être fait sur papier Bristol à surface lisse ; les traits à l'encre doivent être forts, et on ne doit employer ni teintes ni couleurs. Les dimensions de la feuille sont de 10 pouces anglais sur 15, soit 25 cent. 4 $^m/_m$ sur 38 cent., avec une marge de 2 cent. 5 $^m/_m$.

Le dépôt est enregistré au Patent-Office après la justification du versement de la première partie de la taxe.

Si après examen et enquête la patente ne souffre aucune difficulté, le titulaire en est avisé et il doit verser alors la deuxième partie de la taxe, faute de quoi l'expédition sera arrêtée.

Le patenté n'est nullement tenu d'exploiter ; il peut introduire l'invention de l'étranger, mais pour pouvoir poursuivre les contrefacteurs, les machines et produits doivent porter le numéro et la date de la patente.

Une patente demandée par l'inventeur peut être délivrée à son cessionnaire, en faisant enregistrer l'acte de transfert en même temps que le dépôt de la demande de la patente.

En cas de décès de l'inventeur, la patente peut

être demandée par son exécuteur ou administrateur et délivrée à ses représentants légaux.

La qualité de commanditaire ou capitaliste ne donne aucun droit pour être titulaire d'une patente conjointement avec l'inventeur.

Une patente peut être accordée si l'invention n'a pas été patentée à l'étranger ni employée publiquement ou vendue, et si elle n'a pas été décrite dans une publication imprimée plus de deux ans avant la demande aux États-Unis.

Lorsqu'un inventeur a réclamé plus que ce qui lui appartient en propre, ou a fait une erreur dans sa spécification, il peut obtenir par un *Disclaimer* une renonciation de cette partie réclamée à tort ; ce désaveu attesté par des témoins sera enregistré au Patent-Office.

Toute demande de patente est soumise à un examen préalable sur la nouveauté, la brevetabilité et l'exactitude de la déclaration du titulaire.

Lorsque le demandeur est avisé du refus de sa patente, il peut faire appel de la décision des examinateurs au commissaire du Patent-Office, et de la décision de ce dernier près des tribunaux compétents.

Toute demande de patente doit être complétée et préparée pour l'examen dans les deux années de son dépôt ; faute de quoi la demande sera considérée comme non-avenue.

Toute patente peut être cédée ; l'acte de transfert légalisé par le consul américain à l'étranger doit être enregistré dans les 60 jours de sa date au Patent-Office.

LOI DU 8 JUILLET 1870.

Pour reviser, consolider les statuts antérieurs sur les patentes
ou brevets d'invention.

Les articles 1 à 18 concernent : la nomination d'employés spéciaux, notamment un commissaire des patentes, et trois examinateurs en chef, soumis à la prestation du serment. — Les devoirs du commissaire et des examinateurs. — La compétence des examinateurs en chef pour reviser les décisions des examinateurs au sujet des patentes. — Le classement des modèles dans des galeries spéciales ouvertes au public, et la faculté dévolue au commissaire de faire imprimer, aux frais du demandeur, les papiers déposés avec la demande, en cas d'incorrection de l'écriture.

ART. 19. — Le commissaire est autorisé à établir, avec l'approbation du secrétaire de l'intérieur, des règlements en conformité avec la présente loi.

ART. 20. — Le commissaire peut faire imprimer les copies des spécifications et dessins des lettres patentes, ainsi que les copies des lois, décisions, règlements et circulaires qu'il jugera nécessaires à la connaissance du public.

ART. 21. — Toute patente sera délivrée au nom des États-Unis, avec le sceau du Patent Office et la signature du secrétaire de l'intérieur, contresigné par le commissaire.

ART. 22. — Chaque patente contiendra le titre de l'invention, sa nature et son objet, et le privilège donnera le droit exclusif au patenté, à ses ayants droit ou assignés pour une durée de 17 ans, de fabriquer, employer et vendre l'invention.

ART. 23. — La date d'une patente ne sera pas postérieure à 6 mois du jour où elle a été accordée, avis en sera donné au demandeur ou à son représentant, et si dans cet intervalle on n'a pas acquitté la taxe finale, la patente sera sans effet.

ART. 24. — Toute patente peut être obtenue après paiement de la taxe et dépôt régulier de la demande par toute personne ayant inventé : procédé, machine, produit ou composition de matière, ou tout perfectionnement s'y rattachant, pourvu que la dite invention (ou le dit perfectionnement) ne soit ni connue ni employée par d'autres dans une contrée des États-Unis, et ni patentée, ni imprimée, ni en usage public ou vendue en Amérique ou à l'étranger depuis plus de 2 années avant la demande, à moins que la dite invention n'ait été abandonnée.

ART. 25. — Aucune personne ne sera privée de recevoir une patente pour son invention, et aucune patente ne sera déclarée invalide par la raison qu'elle aurait déjà été brevetée à l'étranger, si l'invention n'a pas été introduite en usage public dans les États-Unis depuis plus de deux ans avant la demande ; la dite patente expirera au terme du brevet étranger, mais en aucun cas la durée ne pourra excéder 17 ans.

ART. 26. — Pour obtenir une patente, tout inventeur ou son représentant devra déposer au Patent-Office une description de son invention ; cette description sera nette, claire et précise, et son résumé devra spécifier d'une manière spéciale les points essentiels qu'il revendique ; elle sera signée par le demandeur et attestée par deux témoins.

ART. 27. — Lorsque la nature de l'invention l'exige, l'inventeur doit déposer également un dessin signé et attesté par deux témoins ; une copie du dessin délivrée par le Patent-Office sera fixée à la patente comme faisant partie de la description.

ART. 28. — Lorsqu'il s'agit de produits chimiques ou de composition de matière, l'inventeur devra en déposer une quantité suffisante pour l'expérimentation.

ART. 29. — Dans tous les cas où la présentation d'un

modèle sera nécessaire, sa dimension sera convenable pour exhiber les diverses parties de l'invention.

Art. 30. — Le demandeur devra déclarer par serment qu'il est ou croit être le premier inventeur du procédé, machine, produit, etc., de quelle contrée il est citoyen; ce serment devra être prêté devant toute personne autorisée par les États-Unis. Lorsque l'inventeur réside à l'étranger il portera serment devant tout consul ou agent commercial des États-Unis, ou même devant tout notaire public où il a domicile.

Art. 31. — Après le dépôt d'une demande et le paiement des droits légaux, le commissaire fera examiner l'invention, et s'il résulte de cet examen que la demande est bien justifiée conformément à la loi, et qu'elle est suffisamment utile et importante, le commissaire fera expédier la patente.

Art. 32. — Toute demande de patente devra être complétée et préparée pour l'examen dans les 2 années du dépôt, et à défaut par le demandeur de la continuer dans ledit délai, sur notification à lui faite, la demande sera considérée comme abandonnée, à moins qu'il ne soit démontré au commissaire qu'un tel retard était inévitable.

Art. 33. — Une patente peut être accordée et délivrée à l'ayant droit ou cessionnaire de l'inventeur après enregistrement préalable au Patent-Office, de l'acte de transfert.

Art. 34. — En cas de décès d'un inventeur avant ou entre la demande d'une patente et sa délivrance, le droit de demander et d'obtenir la patente est dévolu à son exécuteur testamentaire ou administrateur au profit des héritiers; lorsque la demande sera faite par de tels légaux représentants, la formule du serment aura une forme spéciale.

Art, 35. — Faculté accordée à l'inventeur ou à son ayant droit qui, après notification, a omis de payer dans les six mois la taxe finale, de renouveler sa demande dans les mêmes formes que la première, dans un délai de 2 ans de la date de la patente notifiée; mais personne ne sera pas-

sible de dommages pour avoir fabriqué ou employé l'objet
décrit dans la patente dont la taxe finale n'a pas été ver-
sée dans le délai fixé, dans l'intervalle qui se sera écoulé
avant la délivrance de la patente dont la demande a été
renouvelée.

ART. 36. — Toute patente ou partie de sa valeur sera
transférable par acte spécial ; les patentés ou leurs ayants
droit peuvent de la même manière accorder et concéder
un droit exclusif de leur patente pour l'ensemble ou une
partie des États-Unis. Mais ces transferts n'auront d'effet
vis-à-vis des tiers qu'après leur enregistrement au Patent
Office qui devra avoir lieu dans les 3 mois de leur date.

ART. 37. — Toute personne qui aura acheté de l'inventeur ou qui à sa connaissance ou avec son consentement aura
fabriqué, vendu ou employé une machine ou un objet patentable, avant la demande de la patente, aura le droit de
continuer après la patente accordée, sans encourir aucune
responsabilité.

ART. 38. — Les patentés ou leurs ayants droit, ainsi
que les fabricants ou vendeurs d'un objet patenté, sont
tenus d'y appliquer le mot « patenté » avec le jour et
l'année de la patente ; si l'article ne s'y prête pas, cette
mention doit se trouver sur la boîte de l'enveloppe. Dans
toute action en contrefaçon, le plaignant qui aura omis
cette inscription ou étiquette, ne pourra pas réclamer de
dommages, à moins qu'il ne prouve que le défendeur a été
dûment avisé de la contrefaçon et a continué après un tel
avis, de fabriquer, employer ou vendre l'article patenté.

ART. 39. — Tout contrefacteur ou imitateur d'une
marque de cette nature, ou qui appliquera ou simulera la
marque de « patenté » sans en avoir la patente, sera passible, pour chaque cas, d'une pénalité de 100 dollars
(500 fr.) au moins, indépendamment des frais. Une moitié
de cette amende sera remise au plaignant et l'autre
moitié restera acquise au Trésor des États-Unis ; cette

pénalité sera recouvrée par toute Cour de District des États-Unis où le délit a été commis.

Art. 40. — Tout citoyen des États-Unis ou tout étranger résidant depuis une année et ayant prêté serment de devenir citoyen américain, peut, en déposant la taxe requise, déposer au Patent-Office, un *caveat* désignant une invention avec ses caractères essentiels, dans l'intention de la mûrir pendant un certain temps. Le dépôt de ce *caveat*, dont la durée est d'une année, reste secret dans les archives du Patent-Office.

Si un tiers fait dans l'année une demande de patente concernant l'objet du *caveat*, le commissaire déposera la spécification, le dessin et le modèle dans les archives secrètes de l'Office, et en donnera avis au porteur du carnet qui alors sera tenu de déposer dans le délai de trois mois à l'Office des Patentes, la spécification, le dessin et le modèle de son invention.

Art. 41. — Lorsqu'après examen, une demande de patente sera rejetée pour un motif quelconque, le commissaire en donnera avis au demandeur en y ajoutant brièvement la cause du refus; il pourra lui indiquer ce qu'il pense utile pour renouveler sa demande ou modifier la description. Si le demandeur persiste dans sa demande, le commissaire fera de nouveau examiner le cas.

Art. 42. — Lorsque dans l'opinion du commissaire une demande de patente coïncidera soit avec une demande en instance, soit avec une patente en cours, il en donnera avis au demandeur; il chargera l'examinateur en chef d'examiner la question de priorité de l'invention. Le commissaire pourra délivrer une patente à la partie qui sera reconnue le vrai inventeur, à moins que la partie adverse ne fasse appel contre la décision de l'examinateur en chef, au jugement des examinateurs en chef réunis, dans un délai qui ne peut être moindre que vingt jours.

Art. 43. — Le commissaire peut établir des règlements

aux juges des affidavits et dépositions nécessaires dans les cas en instance au Patent-Office.

Art. 44. — Le clerc de toute cour des États-Unis est tenu de recevoir les affidavits et dépositions, sous peine de désobéissance...

Art. 45. — Il s'agit ici des frais alloués aux témoins dûment cités.

Art. 46. — Après avoir payé le droit d'appel prévu par la loi, tout demandeur d'une patente ou du renouvellement d'une patente, dont les revendications ont été deux fois rejetées, ou dans le cas d'une interférence, peut appeler de la décision du premier examinateur, à la réunion des examinateurs en chef.

Art. 47. — Contre la décision des examinateurs en chef, la partie, après avoir payé les droits légaux, peut faire appel au commissaire en personne.

Art. 48. — Sauf le cas d'une interférence, on peut faire appel contre la décision du commissaire, près la cour suprême du district de Columbia.

Art. 49. — Pour un tel appel, le demandeur doit en aviser le commissaire et déposer, dans un délai prescrit par le commissaire, une note écrite spécifiant les raisons d'appel. _

Art. 50. — Devoirs de la cour.

Art. 51. — Devoirs de l'appelant et du commissaire.

Art. 52. — Bill en équité.

Art. 53. — Reissues. — Quand une patente est sans effet et invalide par suite d'une spécification défectueuse ou insuffisante, ou parce que le patenté a réclamé plus que ce qui lui est propre, si l'erreur a eu lieu par inadvertance ou omission, sans aucune intention frauduleuse ou décevante, le commissaire, sur l'abandon de cette première patente fera délivrer au demandeur, ou à ses ayants droit, après paiement de la taxe, une nouvelle patente qui expirera au terme assigné à la première; mais il ne pourra introduire rien de nouveau dans cette demande rectificative (dite *reissue*).

ART. 54. — DISCLAIMERS. — Lorsque sans intention frauduleuse, un patenté aura réclamé plus que son invention réelle, sa patente sera valide pour toute la partie vraie; à cet effet le patenté ou ses ayants droit pourront, après paiement des droits légaux, introduire une renonciation des parties qu'ils n'avaient pas le droit de faire patenter. Ce *disclaimer* sera rédigé par écrit, attesté par un ou plusieurs témoins et enregistré au Patent-Office; il sera alors considéré comme faisant partie de la spécification originale. Toutefois aucun disclaimer ne pourra prévaloir contre une demande en instance avant le dépôt dudit *disclaimer*, excepté si elle concerne la partie négligée ou le délai dans le dépôt.

ART. 55. — Toutes les actions concernant les patentes, seront du ressort, aussi bien en équité qu'en droit, des cours de circuit des États-Unis, et de tout district ayant les pouvoirs de la juridiction d'une cour de circuit, ou de la cour suprême du district de Columbia.

ART. 56. — L'appel d'un jugement de première instance sera du ressort de la cour suprême des États-Unis.

ART. 57 — Les copies imprimées ou autres documents du Patent-Office revêtues de la signature du commissaire et du sceau de l'office feront foi en toutes circonstances; chacun peut obtenir de ces copies certifiées en payement le droit légal.

Les copies des spécifications et dessins des brevets étrangers, certifiées de la même manière, feront foi du fait de la délivrance du brevet étranger, de sa date et de son contenu.

ART. 58, 59 et 60. — Ces articles sont relatifs : à la procédure en équité dans les interférences de patentes — aux dommages pour contrefaçons — et aux actions pour contrefaçons antérieurement au *disclaimer*.

ART. 61. — Dans toute action en contrefaçon, le défenseur, après en avoir donné avis par écrit au plaignant ou à son avocat, dans le délai de 30 jours avant, peut invoquer la preuve des points suivants :

1° L'insuffisance de la description, la dissimulation d'une partie de l'invention, ou la diffusion de la description en vue de tromper le public;

2° L'obtention subreptice et injuste de la patente, attendu que l'invention appartenait à une autre personne, qui s'occupait de la perfectionner;

3° L'antériorité de l'invention et sa publicité dans un ouvrage imprimé avant la demande de la patente;

4° Que le patenté n'était ni l'inventeur originaire, ni le premier du produit ou de la substance constituant l'objet breveté;

5° Que l'invention était en usage public ou en vente aux États-Unis plus de deux années avant la demande de la patente ou avait été abandonnée au public.

Art. 62. — Lorsqu'il apparaîtra que le patenté, au moment de sa demande, s'est cru le vrai inventeur de la chose patentée, la patente ne sera pas annulée, alors même que l'invention ou une partie de l'invention aurait été connue ou employée antérieurement à l'étranger, si elle n'y a pas été brevetée ni décrite dans un ouvrage imprimé.

Art. 63. — Extensions. — Faculté réservée aux inventeurs patentés sous l'empire de la loi du 2 mars 1861, d'étendre leur patente au delà du terme primitif, en déposant une demande motivée et le percement des droits.

Art. 64. — La publication d'une telle demande d'extension sera faite par les soins du commissaire, dans le journal officiel, et chacun pourra y faire opposition.

Art. 65. — A la publication d'un tel avis, le commissaire déférera le cas à l'examinateur principal de cette classe, lequel fera un rapport au dit commissaire et en particulier si l'invention était nouvelle et patentable lorsque la première patente a été accordée.

Art. 66. — Le commissaire prendra une décision pour ou contre l'extension d'après les résultats de l'enquête, et lorsqu'il aura reconnu la justice de la demande, il fera délivrer le certificat de prolongation de la patente pour 7 ans, ce qui portera sa durée à 21 ans.

Art. 67. — Le privilège résultant de l'extension de la patente s'étendra aux ayants droit ou assignés.

Art. 68. — Droits ou taxes par les patentes.

Pour le dépôt d'une demande de patente = 15 dollars.

. Lors de la délivrance d'une patente = 20 dollars.

Lors de la demande d'un *caveat* = 10 dollars.

Pour le renouvellement d'une demande de patente = 30 dollars.

Pour déposer un *disclaimer* = 10 dollars.

Pour toute demande d'extension d'une patente = 50 dollars

Lors de la délivrance d'une demande d'extension = 50 dollars.

Lors de l'appel la première fois des premiers examinateurs aux examinateurs en chef = 10 dollars.

Pour l'appel des examinateurs en chef au commissaire = 20 dollars.

Pour copies certifiées de patentes et autres documents = 10 centimes par 100 mots.

Pour l'enregistrement de toute cession, traité, procuration d'attorney de 300 mots ou au-dessous = 1 dollar. — Au-dessus de 300 mots et au-dessous de 1000 mots = 2 dollars et au-dessus de 1000 mots = 3 dollars.

Art. III. — Tous les statuts et actes antérieurs à la présente loi sont abrogés.

LÉGISLATION AMÉRICAINE

SUR LES MARQUES DE COMMERCE ET DE FABRIQUE

Toute personne, société ou corporation, domiciliée aux États-Unis ou dans un état étranger qui offre la réciprocité, peut obtenir une protection pour la marque de son invention, en accomplissant les formalités suivantes :

1° Déposer au Patent-Office une pétition sous serment mentionnant le nom, la résidence et le siège social et le temps pendant lequel la marque a déjà été employée ;

2° Une description de la marque et de la classe d'articles à laquelle elle s'applique, avec des fac-similé, et de son mode d'emploi ;

3° Verser une taxe de 25 dollars.

La durée de cette protection est de 30 années et peut, après le paiement d'une seconde taxe, être renouvelée pour 30 années, excepté dans le cas où une telle marque, réclamée pour être appliquée sur des articles non manufacturés aux États-Unis, est garantie à l'étranger pour une période plus courte ; dans ce cas elle cessera en même temps que la protection originaire.

Aucune marque ne sera enregistrée pour la simple désignation d'une personne, société ou corporation, à moins d'être accompagnée d'une marque suffisante pour la distinguer du même nom employé par d'autres personnes.

Toute demande enregistrée est soumise en premier lieu à l'examinateur des marques de fabrique. L'appel peut être fait par le requérant contre le refus d'enregistrement de l'examinateur, au commissaire.

Dans le cas de conflit entre des demandes d'enregistrement, l'office se réserve le droit de déclarer une interférence, afin que les partis puissent prouver la priorité du droit. La procédure à suivre sera la même que celle des patentes.

Les fac-similé doivent être tirés, imprimés ou autrement placés sur du papier bristol de la même dimension que pour les dessins de patentes, soit 25 c. 4 sur 38 centimètres et 10 copies additionnelles doivent être déposées.

Au lieu de fournir les 10 fac-similé, le demandeur peut fournir un cliché convenable pour imprimer la marque dans le corps de la spécification.

Le droit d'employer une marque est transférable par acte sous-seing privé, signé devant le consul américain, et enregistré au Patent-Office de Washington dans le délai de 60 jours de sa date ; à défaut de ces enregistrements le transfert ne sera pas valable contre un acquéreur ultérieur.

Les frais de transfert sont de 1 dollar au-dessous de 300 mots, de 2 dollars au-dessous de 600 mots et de 3 dollars au-dessous de 1000 mots.

LÉGISLATION AMÉRICAINE

SUR LES DESSINS ARTISTIQUES ET INDUSTRIELS

Tout Américain ou étranger peut obtenir une patente pour un nouveau dessin industriel, artistique ou de fabrique en payant les droits légaux et en accomplissant les mêmes formalités que pour une patente d'invention.

La durée de cette patente est à la faculté du demandeur, de 3 ans, 6 mois, de 7 ans ou de 14 ans; les taxes afférentes à ces durées sont de 10 dollars (55 fr.), 15 dollars (82 fr. 50) et 30 dollars (165 fr.).

La spécification doit bien préciser les caractères essentiels du dessin et distinguer ce qui est nouveau.

Le dessin ou la photographie du dessin doit être sur papier bristol de la dimension de 25 cent. 4 sur 38 cent. Il faut déposer 10 copies extra de cette photographie ou gravure d'une dimension n'excédent pas 19 cent. sur 28 cent.

Quand le dessin artistique ou industriel est suffisamment représenté par le dessin ou la photographie, un spécimen ne sera pas requis.

LÉGISLATION ALLEMANDE

NOUVELLE LOI DU 1er JUILLET 1877.

Historique

Jusqu'au 1er Juillet, ce jour de la promulgation de cette loi les nombreux États qui composent l'Allemagne avaient conservé leur autonomie, en ce qui concerne les brevets d'invention ; cette législation était réglementée par des lois spéciales dont la multiplicité et la diversité exigeaient des frais considérables et créaient des difficultés sans nombre aux inventeurs. A ces législations d'un caractère restrictif et le plus souvent arbitraire comme en Prusse, se trouve maintenant substituée une loi qui étend les droits d'un seul et même brevet à tout l'Empire allemand.

Cette loi abroge pour l'avenir la législation conventionnelle du Zollverein ou confédération germanique et celle spéciale à chacun des États séparés ; mais comme disposition transitoire, elle maintient les brevets existants dans les divers États ju-qu'à leur expiration.

Voici la nomenclature des États composant l'Empire allemand actuel.

Prusse, — Bavière, — Saxe, — Wurtemberg, — Grands duchés de Bade, — de Heyse, — de Saxe-Weimar, — de Mecklenbourg–Schwerin, — de Mecklenbourg-Strélitz, — d'Oldenbourg, — Duché de Brunswick, — de Saxe-Cobourg-Gotha, — de Saxe-Meiningen, — de Saxe-Altenbourg, — d'Anhalt, — Principauté de Reuss-Greisz, — de Reuss-Schleitz, — de Waldeck, — de Schwarzbourg-Sandershaussen, — de Schwarzbourg-Rudolstadt, — de Lippe-Detmold, — de Lippe-Schaumbourg, — Ville libre de Hambourg, — de Lubeck, — de Bremen et de l'Alsace et Lorraine, en tout une population de 42,726,922 habitants.

La nouvelle loi allemande, sauf l'examen préalable qui lui sert de base et le principe des licences obligatoires, est conçue dans un esprit assez libéral, conciliant, le plus équitablement possible, comme dans les autres états industriels, l'intérêt général de la société avec les droits de l'inventeur national ou étranger.

RÉSUMÉ

DES PRINCIPALES DISPOSITIONS DE CETTE LOI

Durée

Comme en France, la durée des brevets allemands est fixée à 15 années. L'inventeur peut s'assurer, pendant la durée de son brevet, la propriété des perfectionnements apportés à son invention, au moyen de certificats d'addition qui n'exigent qu'une taxe de 37 fr. 50 une fois payée, et prennent fin avec le brevet principal.

La loi n'accorde pas de brevets pour les inventions dont la mise en exécution serait une infraction aux lois ou aux bonnes mœurs; ni pour les produits alimentaires ou pharmaceutiques, ni pour les produits chimiques, mais elle permet de breveter les procédés qui servent à fabriquer lesdits produits.

Taxe

La législation allemande a adopté le principe de la taxe annuelle et progressive comme en Belgique, mais dans une proportion plus onéreuse. Cette taxe qui, la première année avec les frais de vérification s'élève à 50 marcs (62 fr. 50), augmente chaque année de 50 marcs (62 fr. 50).

Formalités

Les demandes de brevets sont adressées à une cour spéciale des brevets *(Patent-Amt)* instituée à Berlin, laquelle, après avoir examiné l'invention, prononce la délivrance ou le refus du brevet. Tout pétitionnaire n'ayant pas son domicile en Allemagne doit y avoir un représentant muni d'un pouvoir simple (non légalisé), qui sera chargé de ses intérêts dans toutes les phases de la procédure légale du brevet et pour interjeter appel auprès des offices des brevets et même auprès du tribunal supérieur de l'Empire.

Comme dans la législation anglaise, mais à la

suite de la décision de la cour des brevets, la déclaration de la demande du brevet est publiée dans le journal officiel (le *Moniteur de l'Empire*) ; et pendant huit semaines, chacun peut faire opposition au brevet ; passé ce délai, le brevet est délivré si la commission de la cour des brevets (*Patent-Amt*) a jugé, de son côté, l'invention nouvelle et brevetable, après un nouvel examen.

Exploitation

La loi accorde trois ans pour exécuter en Allemagne une invention brevetée ; le breveté n'est tenu d'en fournir la preuve que dans le cas où, après trois années, on lui opposerait la non-exploitation pour faire invalider son brevet.

Indépendamment de la fabrication dans le pays, le breveté peut introduire des objets ou des machines fabriquées à l'étranger sans nuire à son brevet.

Contrefaçon

Désormais la loi protège efficacement les brevetés, attendu qu'elle rend le contrefacteur passible de dommages et intérêts et d'une pénalité assez forte qui consiste soit en une amende de 5,000 marcs (6250 fr.) soit en une année de prison.

Déchéance

Le brevet est déchu : 1° par la renonciation volontaire de son titulaire ; 2° lorsqu'il a omis de verser une annuité quelconque dans les trois mois après son échéance ; 3° pour défaut d'exploitation dans les trois années de sa date ; 4° pour refus d'accorder des licences moyennant une juste indemnité.

Une invention n'est plus brevetable si à l'époque de la demande du brevet allemand elle a été décrite dans un ouvrage imprimé, ou si elle a été employée publiquement en Allemagne.

Le brevet accordé n'a pas d'effet lorsque l'invention par l'ordre du Chancelier impérial devra être employée pour l'armée ou la marine ou dans l'intérêt du public, mais dans ce cas le breveté aura droit à une indemnité de la part de l'Empire ou de l'État intéressé. A défaut d'entente l'indemnité sera fixée par les tribunaux.

Telles sont les dispositions essentielles de cette loi qui est reproduite « in extenso » ci-après.

TEXTE DE LA NOUVELLE LOI

SUR LES BREVETS D'INVENTION DANS L'EMPIRE ALLEMAND

votée le 25 mai 1877 et promulguée le 1ᵉʳ juillet 1877.

PREMIÈRE SECTION

Droit aux Brevets d'inventions

ART. I. — Il est accordé des brevets pour des inventions nouvelles pouvant être utilisées dans l'industrie. Sont exceptées :

1° Les inventions dont la mise en exécution serait une nfraction aux lois ou aux bonnes mœurs.

2° Les inventions, relatives aux substances alimentaires, aux médicaments ainsi qu'aux substances produites par des procédés chimiques, à moins que ces inventions n'aient pour objet un procédé spécial pour la fabrication de ces substances.

ART. II. — Une invention n'est pas réputée nouvelle lorsqu'à l'époque de la demande de brevet, en conformité avec cette loi, elle a été déjà décrite dans des ouvrages imprimés, ou qu'elle a été déjà employée publiquement dans le pays de façon que son emploi par d'autres personnes paraisse possible.

ART. III. — A droit à la concession d'un brevet celui qui le premier en fait la demande selon les prescriptions de cette loi. Le pétitionnaire n'a cependant pas droit à la concession d'un brevet lorsque l'objet essentiel de sa demande a été emprunté à des descriptions, plans, modèles, appareils ou dispositions d'autrui, ou à un procédé employé par un tiers sans son consentement, et que ce dernier fait opposition par ce motif.

ART. IV. — Le brevet a pour effet que personne n'a le droit, sans l'autorisation du possesseur du brevet, de fabriquer, mettre dans le commerce ou vendre l'objet auquel l'invention a rapport. Si l'invention concerne un procédé, une machine ou un appareil mécanique, un outil ou tout autre instrument, le brevet a, en outre, pour effet, que personne, sans l'autorisation du breveté, n'a le droit d'employer le procédé ou de faire usage de l'objet de l'invention.

ART. V. — Le brevet est donc sans effet contre celui qui, à l'époque de la demande du brevet, a déjà fait usage de l'invention en Allemagne ou qui a fait les préparatifs nécessaires à son emploi.

Le brevet est également sans effet lorsque l'invention, par ordre du chancelier impérial, devra être employée pour l'armée, ou la marine, ou dans l'intérêt du public. Dans ce cas cependant, le breveté aura droit à une indemnité de l'empire ou de l'Etat dans l'intérêt spécial duquel aura été demandée la restriction du brevet ; faute de s'entendre, l'indemnité sera fixée par les tribunaux.

L'effet du brevet ne s'étend pas aux installations des navires qui ne sont que de passage dans le pays.

Art. VI. — Le droit à la concession d'un brevet et les droits résultant du brevet même, se transmettent aux héritiers. L'un et l'autre peuvent se transmettre à des tiers, en tout ou en partie, par traité ou par testament.

Art. VII. — La durée d'un brevet est de 15 ans à partir du lendemain du jour de la demande. Si une invention a pourobjet un perfectionnement apporté à une invention déjà brevetée en faveur du demandeur, celui-ci peut solliciter un brevet d'addition qui expire avec le brevet primitif.

Art. VIII. — Chaque concession de brevet donne lieu au paiement d'une taxe de 30 marcs (37 fr. 50) à laquelle il faut ajouter pour la 1re année, pour frais de vérification 20 marcs, soit ensemble 62 fr. 50.

Excepté dans le cas des brevets d'addition (§ 7) il sera perçu, en outre, pour chaque brevet, au commencement *de la seconde année et de chaque année subséquente, pendant* la durée du brevet, une taxe qui, pour la 2e année, sera de 50 marcs (62 fr. 50) elle sera ensuite augmentée de 50 marcs par année.

Le paiement de la taxe de première et de seconde année pourra être ajournée jusqu'à la troisième année, en faveur du breveté qui prouvera son indigence, et il pourra en obtenir la remise entière si son brevet expire dans le courant de la troisième année.

Art. IX. — Le brevet expire lorsque le breveté y renonce ou que les taxes n'auront pas été payées au plus tard 3 mois après l'échéance dont la date est l'anniversaire de celle de la demande.

Art. X. — Un brevet sera déclaré nul, lorsqu'il sera constaté :

1° Que l'invention n'était pas brevetable en vertu des art. 1 et 2.

2° Que le contenu essentiel de la demande était emprunté à des descriptions, plans, modèles, outils ou appareils appartenant à un tiers ou à un procédé de fabrication employé par un tiers sans son consentement.

Art. XI. — La concession d'un brevet pourra être révoquée à l'expiration de trois ans.

1° Lorsque le possesseur du brevet aura négligé d'exploiter l'invention dans une proportion convenable, ou au moins de faire le nécessaire pour assurer cette mise en exécution.

2° Lorsque, dans l'intérêt public, il paraît nécessaire d'accorder à des tiers la permission d'appliquer l'invention, et que le possesseur du brevet refuse d'accorder cette autorisation moyennant une indemnité convenable et des garanties suffisantes.

Art. XII. — Celui qui n'a pas son domicile dans l'Empire d'Allemagne ne peut faire valoir ses droits à la concession d'un brevet et aux droits qui en résultent, à moins de nommer un représentant dans le pays. Celui-ci est autorisé à représenter le titulaire dans la procédure prescrite par la présente loi et dans les actions civiles concernant le brevet. Les procès à intenter contre le breveté sont du ressort du tribunal siégeant dans l'arrondissement où se trouve le domicile du représentant, et faute de ce domicile ils sont du ressort du tribunal de l'arrondissement dans lequel la Cour des brevets a son siège.

Deuxième section

La Cour des Brevets

Art. XIII. — La concession, les déclarations de nullité

et la révocation des brevets se font par le ministère de la
Cour des brevets.

La Cour des brevets a son siège à Berlin. Elle se compose au moins de trois membres permanents, y compris le
Président, et de membres temporaires. Les membres sont
nommés par l'empereur, les autres employés par le chancelier impérial. La nomination des membres permanents a
lieu sur la proposition du conseil fédéral, et s'ils occupent
une charge dans le service de l'Empire ou de l'État, elle a
lieu pour la durée de cette charge, sinon à vie ; les membres temporaires sont nommés pour cinq ans. Au moins
trois des membres permanents doivent avoir qualité pour
remplir les fonctions de juge ou fonctionnaire supérieur de
l'administration, les membres temporaires doivent être experts dans une branche des sciences techniques Les
dispositions de l'article 16 de la loi du 31 Mars 1873, concernant la position légale des fonctionnaires de l'Empire,
ne sont pas applicables aux membres temporaires.

ART. XIV. — La cour des brevets se compose de plusieurs sections. Elles sont formées d'avance pour la durée
d'au moins un an.

Un membre peut faire partie de plusieurs sections.

Lorsqu'il s'agit d'accorder un brevet, la présence d'au
moins trois membres permanents, parmi lesquels doivent
se trouver deux membres temporaires, est nécessaire pour
valider les décisions des sections.

Une section spéciale sera formée pour la déclaration de
nullité et pour la révocation des brevets. Les décisions
seront prises en présence de *deux* membres, y compris le
Président ayant qualité pour remplir les fonctions de juge,
ou pour le service administratif supérieur et par trois
autres membres. Pour d'autres décisions la présence de
trois membres suffit.

Les dispositions du Code de procédure civil sur l'exclu-
sion ou la récusation des juges seront applicables en cette

matière. Des experts qui ne sont pas membres peuvent être invités à assister aux délibérations, mais ils n'ont pas le droit de voter.

Art. XV. — Les décisions des sections sont prises au nom de la Cour des brevets; elles doivent être écrites et exposer les motifs, et une copie doit être signifiée officiellement à chacun des intéressés.

Les notifications fixant des termes ou délais spéciaux seront expédiées par la poste et par lettre recommandée contre récépissé. Si la signification ne peut avoir lieu dans l'intérieur du pays elle sera remise à la poste par le fonctionnaire signé à cet effet par la Cour des brevets, suivant les §§ 161-175 du Code de procédure civile. On pourra appeler contre les décisions de la Cour des brevets.

Art. XVI. — Si on fait appel contre la décision d'une section de la cour des brevets, les réclamations seront soumises à la décision d'une autre section, ou de plusieurs sections réunies.

Aucun des membres ayant pris part à la décision contestée ne pourra concourir à la délibération contestée.

Art. XVII. — La formation des sections, la détermination de leurs attributions, les formes de la procédure et le règlement de la cour des brevets, sont arrêtés par ordonnance impériale de concert avec le conseil fédéral, *pour* autant que ces points n'auront pas été réglés par la présente loi.

Art. XVIII. — A la demande des tribunaux, la Cour des brevets est obligée de donner son avis sur toutes questions concernant les brevets.

Dans aucun autre cas elle n'a le droit de prendre des décisions ni de formuler son avis, en dehors de sa compétence légale, sans l'assentiment spécial du chancelier de l'Empire.

Art. XIX. — Il sera tenu à la cour des brevets un registre indiquant l'objet et la durée des brevets accordés ainsi que le nom et l'adresse des brevetés et de leurs mandataires, constitués pour faire la demande du brevet. La date, l'expiration, l'extinction, la déclaration de nullité, et la révocation des brevets, seront consignées dans le registre et publiées dans le *Moniteur de l'Empire*.

Si le brevet change de propriétaire, ou si le breveté change de représentant, ces faits sont également consignés dans le registre et publiés dans le *Moniteur de l'Empire*, dès qu'ils seront portés à la connaissance de la Cour des brevets, sous une forme authentique.

Aussi longtemps que cela n'a pas été fait, le premier titulaire et son représentant restent autorisés et sont soumis aux obligations contenues dans la présente loi.

Le registre, les descriptions, dessins, modèles et échantillons, faisant la base de la concession des brevets, seront visibles au public, à moins que le brevet n'ait été pris au nom du gouvernement de l'Empire pour l'usage de l'armée ou de la marine.

Les parties essentielles des descriptions et des dessins seront publiées, à la disposition du public, par la Cour des brevets dans un journal officiel. Ce journal portera également toutes les notifications qui doivent être publiées par le *Moniteur de l'Empire* conformément à la présente loi.

TROISIÈME SECTION

Procédure en matière de brevets

ART. XX. — La demande d'un brevet d'invention doit être remise par écrit à la Cour des brevets. Chaque invention exige une demande spéciale. La demande doit contenir la requête et déterminer d'une manière précise l'objet qui doit être breveté.

Dans une annexe, l'invention doit être décrite de manière que son exécution par des hommes compétents paraisse possible. Des dessins, diagrammes, modèles et échantillons nécessaires doivent y être joints.

La cour des brevets réglera les autres formalités à suivre dans la demande des brevets.

Jusqu'à la publication de la demande, on pourra apporter des modifications dans la description. Au moment du dépôt de la demande de rectification une somme de 20 marcs sera perçue pour les frais de la procédure.

Art. XXI. — Si dans la demande les formalités voulues par le règlement n'ont pas été suivies, la Cour des brevets indiquera au solliciteur du brevet les défauts et l'invitera à y remédier dans un délai déterminé. Si dans le délai indiqué, il n'est pas donné suite à cette injonction, la demande sera rejetée.

Art. XXII. — Si la Cour des brevets considère que la demande est faite dans la forme prescrite et que le brevet peut être accordé, elle ordonnera la publication de la demande. A dater de cette publication l'invention sera protégée provisoirement en faveur du demandeur du brevet selon les art. 4 et 5.

Si la Cour des brevets juge que l'objet de l'invention n'est pas de nature à être breveté selon les §§ 1 et 2, la demande sera rejetée.

Art. XXIII. — Le *Moniteur de l'Empire* publiera une fois le nom du pétitionnaire et un résumé de la spécification. En même temps la demande, avec toutes les pièces à l'appui, sera communiquée au public dans la cour des brevets. A la publication sera joint l'avis que l'objet de la demande est provisoirement à l'abri de toute application illicite. S'il s'agit d'un brevet demandé au nom de l'administration de l'empire, en faveur de l'armée ou de la marine, la demande et ses annexes ne seront pas livrées à l'inspection du public.

ART. XXIV. — A l'expiration de huit semaines à dater du jour de la publication (§ 23), la Cour des brevets doit prendre une décision sur la concession du brevet. Jusqu'à cette époque, on pourra faire opposition à la concession du brevet.

Cette opposition doit être faite par écrit et motivée. Elle ne pourra s'appuyer que sur l'affirmation que l'invention n'est pas nouvelle ou que la supposition du § 3, deuxième alinéa, y est applicable.

Avant de prendre une décision finale, la Cour des brevets peut citer les intéressés à comparaître devant elle et à s'expliquer. Elle peut aussi faire examiner les objections par des experts dans une branche de l'industrie et ordonner une enquête sur la matière.

ART. XXV. — Le postulant peut appeler contre la décision qui rejette sa demande; le postulant et l'opposant peuvent appeler contre la décision prononçant sur la concession du brevet pendant les quatre semaines qui suivent la notification. En faisant appel, 20 marcs doivent être payés pour les frais de la procédure; si ce paiement ne s'est pas effectué, l'appel sera considéré comme non avenu.

Le § 24, deuxième alinéa, sera applicable à cette procédure.

ART. XXVI. — Lorsque la concession du brevet sera décidée définitivement, la Cour des brevets en ordonnera la publication dans le *Moniteur de l'Empire* et délivrera un titre officiel au breveté.

Si le brevet est refusé, la publication du refus aura lieu également. Les effets de la protection provisoire cessent avec le refus.

ART. XXVII. — L'instruction de la procédure concernant la déclaration de la nullité ou la révocation d'un brevet n'aura lieu que si elle est demandée. Dans les cas prévus par le § 10, n° 2, la partie lésée aura seule le droit de faire cette demande. La demande doit être adressée par écrit à la Cour des brevets et doit mentionner les faits sur lesquels elle se base.

Art. XXVIII. — Après que l'instruction de la procédure aura été ordonnée, la Cour des brevets en donnera connaissance au breveté et l'invitera à produire sa défense dans les quatre semaines.

Si le breveté ne se déclare pas dans ce délai, une décision pourra être prise dans le sens de l'opposant sans citation et audition des intéressés, et pour cette décision, chaque fait mentionné par la partie lésée peut être considéré comme prouvé.

Art. XXIX. — Si le breveté donne sa réponse dans le délai prescrit, ou si, dans le cas de l'art. 28, 2ᵉ alinéa, la demande ne fait pas l'objet d'une décision immédiate, la Cour des brevets donnera les ordres nécessaires pour élucider l'affaire et aussi communiquera la réponse au demandeur ; elle peut ordonner l'audition de témoins et d'experts, dans ce cas, les règlements de la procédure civile sont applicables. Cette enquête aura lieu en présence d'un greffier assermenté.

L'arrêt sera prononcé après la citation et l'audition des intéressés.

Si la révocation du brevet est demandée en vertu du § 11, n° 2, l'arrêt annulant cette demande sera précédée d'un avis de révocation exposant les motifs et fixant un délai convenable.

Art. XXX. — Dans la décision, la Cour des brevets doit déterminer, suivant son jugement, la part des frais de la procédure qui incombera à chacune des parties intéressées.

Art. XXXI. — Les tribunaux sont tenus de prêter toute assistance judiciaire à la Cour des brevets ; ils infligeront des amendes aux témoins et experts qui n'ont pas comparu ou qui ont refusé de témoigner ou de prêter serment, et ils feront comparaître devant la Cour des brevets les témoins qui n'ont pas comparu.

Art. XXXII. — Est admis l'appel contre les décisions de la Cour des brevets (§§ 28 et 29). L'appel est du ressort du Tribunal de Commerce supérieur de l'Empire. Il doit être dûment motivé et adressé par écrit à la Cour des brevets dans les six semaines qui suivent la communication de la décision.

Le jugement du Tribunal fixera les frais de la procédure selon le § 30. Sous tous les autres rapports, la procédure devant le Tribunal sera déterminée par un règlement spécial proposé par le Tribunal et qui sera arrêté par ordonnance impériale avec l'assentiment du Conseil fédéral.

Art. XXXIII. — Pour ce qui concerne la langue officielle à adopter par la Cour des brevets, les stipulations de la loi sur l'organisation des Cours de justice et la langue à employer devant les tribunaux devront être observées. Les requêtes non rédigées en langue allemande seront regardées comme non avenues.

QUATRIÈME SECTION

Pénalités et dommages-intérêts

Art. XXXIV. — Celui qui sciemment fait infraction aux dispositions des §§ 4 et 5, en employant une invention brevetée, sera passible d'une amende de 5,000 marcs au maximum ou d'un emprisonnement d'un an au plus; il est, en outre, passible de dommages-intérêts envers la partie lésée. Les poursuites ne seront faites que sur la demande du breveté ou de ses ayants droit.

Art. XXXV. — Si la condamnation est prononcée en procédure correctionnelle, le lésé sera autorisé à faire publier la sentence aux frais du condamné. Le mode de publication ainsi que le délai dans lequel elle aura lieu seront fixés dans le jugement.

Art. XXXIV. — Au lieu de dommages-intérêts à

accorder en vertu des stipulations de la présente loi, le tribunal peut, à la demande du lésé, lui accorder, outre l'amende ordinaire, une indemnité ne dépassant pas 10,000 marcs.

Les condamnés sont tous solidairement responsables de cette indemnité. Cette indemnité ayant été adjugée exclut toute action ultérieure en dommages-intérêts.

Art. XXXVII. — La compétence de la Cour supérieure de commerce réglée dans le § 12 de la loi du 12 juin 1869, concernant la création d'une Cour supérieure pour les questions de commerce, s'étendra aux actions civiles intentées en vertu de la présente loi.

Art. XXXVIII. — Les actions en contrefaçon sont couvertes par la prescription dans trois ans par rapport à chaque cas sur lequel l'action serait basée.

Art. XXXIX. — Le Tribunal, après avoir délibéré sur toutes les circonstances, prononcera en conscience sur l'existence du préjudice et sur son étendue.

Art. XL. — Sera passible d'une amende ne dépassant pas 150 marcs ou d'un emprisonnement.

1° Celui qui appose, sur des objets ou leur emballage une désignation propre à faire naître l'impression erronée que ces objets sont protégés par un brevet en vertu de cette loi;

2° Celui qui, dans des annonces publiques, sur des enseignes, sur des cartes d'adresse ou dans d'autres indications analogues, fait usage d'une désignation propre à faire croire que les objets mentionnés sont protégés par un brevet en vertu de cette loi.

CINQUIÈME SECTION

Dispositions transitoires

Art. XLI. — Les brevets existants actuellement, en vertu des lois des États, resteront en vigueur suivant la pré-

4

sente loi jusqu'à leur expiration, mais leur durée ne pourra être prolongée.

ART. XLII. — Le possesseur d'un brevet existant (art. 41) peut réclamer pour son invention brevetée la concession d'un brevet conformément à la présente loi. L'examen de l'invention sera dans ce cas soumis à la procédure prescrite par cette loi. Le brevet ne sera pas accordé si, avant que la concession ne soit décidée, le possesseur d'un autre brevet existant pour la même invention (§ 41) réclame la concession du brevet ou fait opposition à la concession.

Pour défaut de nouveauté le brevet ne sera refusé que si l'invention n'était plus nouvelle dans le sens du § 2, 1er alinéa, à l'époque où elle fut premièrement brevetée dans l'un des États allemands.

Lorsque le brevet sera accordé en vertu de cette loi, tous les brevets existants (§ 41) pour la même invention expirent s'ils sont en la possession du nouveau breveté. Si cela n'est pas le cas, le nouveau brevet n'aura pas d'effet légal dans le district où le brevet existant est encore en vigueur avant l'expiration du dernier.

ART. XLIII. — Le temps pendant lequel l'invention a été déjà protégée dans les États allemands par le plus ancien des brevets existants sera déduit du terme de la durée légale du brevet accordé en vertu du § 42. Le possesseur du brevet devra payer la taxe légale (§ 8) pour le restant de la durée du brevet. La date du paiement et le montant annuel de la taxe seront déterminés d'après l'époque où l'invention a été protégée en premier lieu dans le pays allemand.

ART. XLIV. — La délivrance d'un brevet en vertu de l'art. 42 n'empêchera pas de continuer leur exploitation à ceux qui, sans faire infraction à des lois de brevet, avaient déjà appliqué l'invention avant le dépôt de la demande ou qui avaient pris des mesures pour son application.

ART. XLV. — Cette loi entrera en vigueur le 1er juillet 1877.

MARQUES DE COMMERCE ET DE FABRIQUE

EN ALLEMAGNE

EXTRAIT DE LA LOI DU 30 NOVEMBRE 1874
mise en vigueur à partir du 1er mai 1875

Sont considérées comme marques de commerce et de fabrique les emblèmes, vignettes, empreintes et signes distinctifs ; sont exceptés les chiffres, lettres ou mots, les armoiries ainsi que les dessins pouvant causer un scandale.

La marque est déposée pour une durée de dix années ; le dépôt est renouvelable de dix années en dix années. Toutefois pour les marques étrangères la durée est limitée au terme assigné au dépôt originaire.

La loi exige la réciprocité de la part du pays étranger originaire, c'est-à-dire que le dépôt n'est reçu que si l'Allemand peut également faire le dépôt d'une marque allemande dans le pays du pétitionnaire.

Le dépôt s'applique aux articles vendus par des commerçants, mais non à ceux vendus par des propriétaires non commerçants.

Pour les noms et raisons sociales, il faut un dépôt spécial qui ne s'accorde qu'aux nationaux et aux résidents en Allemagne.

Le dépôt d'une marque par un résident a lieu au tribunal de commerce de son domicile ; pour les étrangers le dépôt est enregistré au tribunal de commerce de Leipzig. Les formalités à remplir et les pièces à produire par un étranger lors de l'enregistrement d'un dépôt sont les suivantes : Procuration authentique, — document constatant la qualité du commerçant,— quatre exemplaires de la marque qui doit être limitée à une surface de 3 centimètres carrés,— un cliché de la marque,— une description des objets auxquels s'applique la marque et de son mode d'emploi,— un certificat de dépôt de la même marque de commerce ou de fabrique dans le pays originaire, — une déclaration par laquelle le titulaire accepte la juridiction du tribunal de commerce de Leipzig.

Un des exemplaires de la marque est expédié au titulaire, il lui sert de titre.

Lors du premier dépôt d'une marque, la taxe à verser est de 50 marcs (68 fr. 50), en outre, la publication dans le *Moniteur de l'empire* aux frais du titulaire de la marque, il en est de même des frais de clichés.

La propriété d'une marque est personnelle et non transmissible. — Le droit s'éteint lors du changement de la raison sociale, au nom de laquelle a été fait le dépôt.

La cession d'une marque exige la suppression du dépôt du premier titulaire, et du nouveau dépôt au nom du cessionnaire.

LÉGISLATION ESPAGNOLE

NOUVELLE LOI DU 30 JUILLET 1878

Historique

Jusqu'au 30 juillet, jour de la promulgation de la nouvelle loi espagnole, la concession des privilèges pour inventions, introductions ou importations et perfectionnements était réglementée en Espagne par le décret royal rendu par Ferdinand VII, le 27 mars 1876, et par diverses ordonnances aux dates des 14 juin et 30 décembre 1867 concernant l'exécution et l'interprétation dudit décret.

Par une loi récente sur les brevets d'invention et d'introduction, l'Espagne, en faisant appel à toutes les intelligences, ouvre une ère nouvelle, destinée à développer son industrie nationale.

RÉSUMÉ

DES PRINCIPALES DISPOSITIONS DE CETTE LOI

Des brevets d'invention seront indistinctement accordés aux nationaux et aux étrangers, à une ou à plusieurs personnes ou à une société.

Durée

La durée des brevets d'invention pour toute découverte ou pour tout perfectionnement sera de 20 années.

La durée sera réduite à 10 années si l'inventeur étranger a déjà pris pour le même objet un brevet qui lui a été délivré avant la demande du brevet espagnol, et s'il fait cette demande dans le délai de deux années à partir de la date du brevet étranger.

La durée du brevet, qui sera alors un brevet d'introduction, sera de cinq années, pour toute invention introduite de l'étranger, soit par l'inventeur après le délai de deux années ci-dessus stipulé, ou par toute autre personne étrangère à l'invention originaire.

Les droits des brevets s'étendent à l'Espagne et à toutes ses colonies.

Ne sont pas brevetables les produits pharmaceutiques, ni les plans ou combinaisons de crédit ou de finance.

Taxe

La taxe est annuelle et progressive; ainsi la taxe de première année est de 10 fr., celle de la 5ᵉ année est de 50 fr., celle de la 20ᵉ année est de 200 fr.

Chaque annuité successive se paye à l'avance de chaque échéance annuelle sous peine de déchéance.

Formalités

La demande doit être accompagnée d'une descrip-

tion en langue espagnole en double expédition, la
fin de la description comportera une note exprimant
clairement le mécanisme, le moyen, le procédé, etc.,
qui caractérise l'invention ; les dessins sur papier
toile et coloriés seront également déposés en double
expédition et établis d'après une échelle métrique
décimale. On peut joindre à la demande des échantillons et modèles. Un pouvoir légalisé est nécessaire pour le représentant chargé par l'inventeur de
remplir ces formalités.

Toutes ces pièces devront être revêtues de timbres,
dont le montant ajouté aux droits de guerre et aux
frais d'agence entraîne une dépense première assez
considérable.

Tout brevet sera accordé sans examen préalable
de l'utilité ou de la nouveauté de l'invention ; mais
la demande sera contrôlée pour constater la régu-
larité des pièces ou si l'invention ne rentre pas dans
la catégorie des objets non brevetables.

Les brevets délivrés seront mis à la disposition du
public au Conservatoire des Arts de Madrid, et
chacun pourra être autorisé à en prendre des copies
à ses frais.

Tout breveté peut annexer des certificats d'admis-
sion à son brevet principal, en remplissant les
mêmes formalités que pour le brevet, mais en ver-
sant une taxe de 25 fr. une fois payée.

Tout acte authentique de cession doit être enregistré au secrétariat du gouvernement de la province
où la demande de brevet a été faite.

Exploitation

L'exploitation effective du brevet doit être faite en Espagne ou ses colonies dans le délai de deux ans de sa délivrance ; ce délai ne peut être prolongé que de six mois et par une loi.

Le breveté est tenu de donner avis de son exploitation au Directeur du Conservatoire des Arts, qui par lui-même ou par un ingénieur délégué fera constater l'exploitation, le tout aux frais du breveté.

Nullités et Déchéances

Les causes de nullité d'un brevet sont :

Le défaut de nouveauté, — l'insuffisance de la description, — si l'objet déclaré est contraire à l'ordre et à la sécurité publique, aux mœurs ou aux lois du pays.

Les causes de déchéance d'un brevet sont :

L'expiration de la durée du brevet. — Le non paiement de la taxe à son échéance annuelle. — Le défaut d'exploitation dans le délai de deux ans, ou bien lorsque le brevet aura cessé d'être exploité pendant un an et un jour sans pouvoir justifier d'une cause majeure.

Les actions civiles et criminelles concernant les brevets d'invention ou d'introduction seront portées devant des jurys industriels.

TEXTE DE LA LOI

SUR LES BREVETS D'INVENTION EN ESPAGNE ET DANS SES COLONIES

Votée le 21 juillet 1878 et promulguée le 30 juillet suivant

ARTICLE 1er. — Tout Espagnol ou étranger qui a l'intention d'établir ou qui a établi dans les possessions espagnoles une industrie nouvelle, aura le droit à l'exploitation exclusive de son industrie pendant un certain nombre d'années sous les règles et conditions prévues dans cette loi.

ART. 2. — Le droit mentionné dans l'article précédent s'acquiert du gouvernement par un brevet d'invention.

ART. 3. — Peuvent faire l'objet de brevets :

a. Les machines, appareils, instruments, procédés ou opérations mécaniques ou chimiques qui, en tout ou en partie, constituent une invention nouvelle, ou qui sans remplir cette condition de nouveauté ne se trouvent pas établis ou mis en pratique de la même manière dans les possessions espagnoles.

b. Les produits ou résultats industriels nouveaux obtenus par des moyens nouveaux ou connus, pourvu que leur exploitation vienne constituer une branche d'industrie dans le pays.

ART. 4. — Les brevets pour les produits ou résultats mentionnés dans le paragraphe *b* de l'article précédent, ne seront pas un obstacle à l'obtention des brevets pour les appareils ou procédés compris dans le paragraphe *a* et destinés à obtenir les mêmes produits ou résultats.

ART. 5. — Sera considéré comme nouveau, pour les effets de l'article 3 de cette loi, ce qui n'est pas connu, ni établi ou mis en pratique dans les possessions espagnoles ou à l'étranger.

Art. 6. — Le droit que confère le brevet d'invention ou celui qui résulte des démarches faites pour l'obtenir pourra se transmettre en tout ou en partie par les moyens établis, par nos lois, pour la propriété particulière.

Art. 7. — Le brevet d'invention peut être accordé à une seule ou à plusieurs personnes ou à une société de nationaux ou étrangers.

Art. 8. — Tout brevet sera valable non seulement pour la péninsule et îles adjacentes, mais encore pour les provinces d'outre-mer.

Art. 9. — Ne peuvent faire l'objet de brevets :

1° Le résultat ou produit des machines, appareils, instruments procédés ou opérations mentionnés dans le paragraphe *a* de l'article 3, s'ils ne sont pas compris dans le paragraphe *b* du même article ;

2° L'emploi de produits naturels ;

3° Les principes ou découvertes scientifiques en tant qu'ils sont confinés dans une sphère spéculative, c'est-à-dire tant qu'ils ne sont pas transformés en machines, appareils, instruments, procédés ou opérations mécaniques ou chimiques d'un caractère pratique et industriel ;

4° Les préparations pharmaceutiques ou médicaments de toute espèce ;

5° Les plans ou combinaisons de crédit ou de finance.

Art. 10. — Aucun brevet ne peut renfermer plus d'un seul objet industriel.

Art. 11. — Les brevets d'invention seront délivrés sans examen préalable de la nouveauté ou de l'utilité. Il ne faut donc, dans aucun cas, les considérer comme une déclaration de nouveauté et d'utilité de l'objet qui est décrit.

TITRE II.

Art. 12. — La durée des brevets d'invention sera de

20 années sans prolongation, si les objets sont d'invention propre et nouveaux ;

La durée des brevets pour tout ce qui ne sera pas d'invention propre, ou qui l'étant ne serait pas nouveau, sera seulement de 5 années sans prolongation,

On accordera cependant des brevets de 10 années pour tout objet d'invention propre, alors même que l'inventeur véritable aurait déjà obtenu un brevet pour le même objet dans un ou plusieurs pays étrangers, s'il fait la demande en Espagne dans le délai de 2 ans à partir de la date du brevet étranger.

ART. 13. — Pour exploiter un brevet, il faut payer une taxe annuelle et progressive, savoir 10 pesetas ou francs la première année ; 20 francs la deuxième année ; 30 francs la troisième année et ainsi de suite jusqu'à la cinquième, dixième ou vingtième, où la taxe correspond respectivement à 50 francs, 100 francs et 200 francs.

ART. 14. — Les taxes annuelles seront payées à l'avance ; on ne pourra, en aucun cas, s'en dispenser.

TITRE III.

Formalités pour l'expédition des brevets

ART. 15. — Tout individu qui désire obtenir un brevet d'invention dépose au secrétariat du gouverneur civil de la province où il est domicilié ou de telle autre province où il aura fait élection de domicile :

1° Une requête à M. le Ministre du *Fomento* (Intérieur) dans laquelle il expliquera l'objet unique du brevet, si l'objet est ou n'est pas de sa propre invention, s'il est nouveau, et l'indication de son domicile ou de son mandataire ; dans ce dernier cas, le pouvoir sera joint à la demande ; elle ne devra contenir aucunes conditions, restrictions ni réserves.

2° Un mémoire descriptif en double de la machine, appareil, instrument, procédé ou opération mécanique ou chimique qui motive le brevet, le tout exposé avec la plus grande clarté possible, de façon que jamais il ne puisse exister aucun doute concernant l'objet (ou la particularité) présenté comme nouveau et de propre invention, ou comme non pratiqué ou établi de la même manière et formé dans le pays.

Au bas du mémoire, il sera dressé une note qui exprimera clairement et distinctement la partie, la pièce, le mouvement, le mécanisme, l'opération, le procédé ou la matière qui fait l'objet du brevet; cette note n'aura rapport qu'au contenu de l'invention.

Le mémoire sera écrit en espagnol, sans abréviations, corrections ni ratures d'aucune espèce, sur des pages numérotées consécutivement. Les indications des poids et mesures seront faites suivant le système métrique décimal. Le mémoire ne contiendra aucunes conditions, restrictions ni réserves.

3° Les dessins, échantillons ou modèles que l'intéressé jugera nécessaire pour l'intelligence du mémoire descriptif, le tout en double expédition.

Les dessins seront faits sur papier-toile, tracés à l'encre et d'après une échelle métrique décimale.

4° Le bulletin de versement à l'État de la taxe correspondante à la première annuité.

5° Un bordereau de tous les documents et objets annexés, lesquels doivent être également signés par le requérant ou son représentant.

ART. 16. — Le secrétaire du gouverneur civil inscrira sur un registre spécial le jour, l'heure et la minute de la présentation de la demande comportant les documents mentionnés dans l'article précédent; il signera au bas du procès-verbal d'enregistrement de concert avec l'intéressé ou son mandataire et lui en délivrera un récépissé.

Ledit secrétaire scellera la boîte ou le pli contenant les deux exemplaires du mémoire et des dessins, échantillons ou modèles ; il écrira sur l'étiquette de la boîte ou du pli : *Présenté tel jour de tel mois, à telle heure et telle minute*, signera et y apposera le timbre officiel.

La mention du registre de présentation portant la date, l'heure et la minute du dépôt, constatera le droit de priorité du requérant.

Art. 17. — Dans un délai qui n'excédera pas cinq jours, à partir de la présentation de la demande et des documents et objets sus mentionnés, les gouverneurs civils enverront au Directeur du Conservatoire des arts à Madrid, les demandes accompagnées des pièces et objets et d'un certificat délivré par le secrétaire avec le visa du gouverneur, de l'acte d'enregistrement et du contenu de la boîte ou pli. Les frais de port seront à la charge de l'intéressé.

Art. 18. — Le Secrétaire du Conservatoire des arts examinera le contenu de la boîte ou du pli, et apposera au bas du certificat dont il est question dans l'article précédent, sa signature et le timbre officiel, avec une mention déclarant la conformité ou indiquant ce qui pourrait manquer.

Art. 19. — Le Secrétaire du Conservatoire procédera immédiatement à l'examen des deux exemplaires du mémoire et des dessins ou modèles, dans le seul but de s'assurer de leur identité, s'il les trouve conformes, avec la note mentionnée dans le paragraphe 2 de l'article 16, écrite au bas du mémoire, il apposera sa signature sur les deux exemplaires et le sceau officiel pour constater que tout est en règle.

S'il se trouve des irrégularités dans les documents, mention en sera faite dans la note signée par le secrétaire ; ces irrégularités seront rectifiées par les intéressés ou leurs représentants dans le délai de deux mois, à partir de la date de la présentation de la demande au gouverneur de la province, de la péninsule ou des îles voisines; le délai sera de quatre mois si la présentation a eu lieu dans les Canaries ou les Antilles et de huit mois pour les îles Philippines. Ces délais ne pourront être prolongés; aussi une fois le temps expiré sans que ces irrégularités aient été redressées, la demande sera considérée comme non avenue et le brevet sera perdu pour les intéressés.

ART. 20. — Si les conditions des deux articles précédents sont bien remplies, ainsi que les prescriptions de l'art. 2, le Directeur du Conservatoire des arts expédiera au ministère du Fomento (Intérieur) la requête accompagnée de son rapport qui déclarera :

1º Si la demande est conforme aux prescriptions de l'art. 15;

2º S'il a reçu le mémoire et les dessins, échantillons ou modèles prescrits, le tout en duplicata, et le bulletin de versement à l'État de la 1re annuité ;

3º Si les originaux et les duplicata du mémoire et des dessins et ceux des échantillons ou modèles sont parfaitement conformes;

4º Si l'objet du brevet est compris dans l'un des cas prévus par l'art. 9;

5º Si en vue de tout ce qui précède, la demande doit être accordée ou refusée.

ART. 21. — Si la demande est accordée, le ministre du Fomento en informera le Directeur du Conservatoire des arts, qui fera publier la concession dans la *Gazette* de Madrid; dans le délai fixe d'un mois de la publication, l'intéressé ou son représentant se présentera au Conservatoire des arts pour verser le montant du document timbré qui portera le brevet. A défaut de se conformer à ce versement dans le délai prescrit, l'expédition n'aura pas de suite et la demande de brevet sera considérée comme non avenue.

ART. 22. — Vérification faite du versement indiqué dans l'article précédent, le Directeur du Conservatoire des arts en donnera connaissance au ministère du Fomento (Intérieur); ce dernier expédiera aussitôt le brevet d'invention au Conservatoire des arts dont le Directeur le communiquera au gouverneur de la province du domicile de l'intéressé; le brevet y sera enregistré conformément aux prescriptions de l'art. 16 ; le secrétaire du Conservatoire inscrira le brevet sur un registre spécial et le remettra à l'intéressé ou à son représentant, lequel en donnera un accusé de réception qui sera joint à la procédure.

ART. 23. — A l'entête du brevet sera imprimé en caractères de plus grande dimension que les plus forts caractères qui se trouveront dans le corps du texte imprimé, ce qui suit : Brevet d'invention sans garantie du gouvernement, en ce qui concerne la nouveauté, la convenance ou l'utilité de l'objet auquel ledit brevet se rapporte.

ART. 24. — Le secrétaire du Conservatoire des arts délivrera également contre un reçu à l'intéressé ou à son représentant, en même temps que le brevet, un des deux exemplaires du mémoire et des dessins, échantillons et modèles qui accompagnaient la demande, le tout étant considéré comme faisant partie du brevet, ainsi qu'il est exprimé dans le titre.

ART. 25. — Le registre spécial des brevets du secrétariat du Conservatoire des Arts sera à la disposition du public pendant les heures fixées par le Directeur. Les dates de ce registre feront foi en justice.

TITRE IV

De la publication des brevets et de la publicité des descriptions, dessins, échantillons ou modèles.

Le directeur du Conservatoire des arts remettra à la *Gazette de Madrid* dans la seconde quinzaine des mois de janvier, avril, juillet et octobre pour être publié immédiatement dans ledit *Journal officiel,* un catalogue de tous les brevets accordés pendant le trimestre précédent, et dont le titre exprimera clairement l'objet de chacun de ces brevets.

Les gouverneurs des provinces feront reproduire ces mêmes rapports dans les bulletins officiels en tout conformes à la gazette.

ART. 27. — Les mémoires, dessins, échantillons et modèles relatifs aux brevets seront à la disposition du public, au secrétariat du Conservatoire des arts, aux heures fixées par le directeur.

Toute personne désirant obtenir des copies pourra le faire à ses frais ; elle devra se munir d'une permission du directeur du Conservatoire qui fixera le lieu, les jours et les heures où le travail pourra être contrôlé ou vérifié.

ART. 28. — Après l'expiration de la durée des brevets, les mémoires, dessins, échantillons et modèles resteront en permanence au Conservatoire des arts, et tout objet qui en sera jugé digne sera déposé à son musée.

TITRE V

Des certificats d'addition.

ART. 29. — Le propriétaire d'un brevet ou son ayant droit aura le droit, pendant la durée de la concession, de faire à l'objet du brevet tout changement, modification ou addition qu'il jugerait convenables, avec préférence sur toute autre personne qui, à la même époque, demanderait un brevet pour le même objet que celui auquel se rapporte le changement, la modification ou l'addition.

Ces changements, modifications ou additions seront constatés par des certificats d'addition délivrés de la même manière et avec les mêmes formalités que le brevet principal, et accompagnés de la demande et des documents exigés par l'art. 15.

ART. 30. — Celui qui demande un certificat d'addition versera une fois pour toutes la somme de 25 francs.

ART. 31. — Un certificat d'addition est une partie accessoire du brevet principal; il produit les mêmes effets que ce dernier à partir des dates respectives de la demande et de la concession. La durée d'un certificat d'addition expire en même temps que celle du brevet principal.

TITRE VI

De la cession et du transfert des droits conférés par les brevets.

ART. 32. — Toute cession totale ou partielle des droits conférés par un brevet d'invention ou par un certificat d'addition, à titre gratuit ou onéreux, et tout autre acte entraînant une modification dans les droits primitifs, aura lieu indispensablement par un acte public, dans lequel le secrétaire du Conservatoire des arts attestera sur le visa du directeur, que le paiement des annuités prescrites par la présente loi a été régulièrement effectué, et que le cédant est bien le propriétaire du brevet ou du certificat d'addition d'après l'inscription sur le registre officiel.

ART. 33. — Aucun acte de cession ou autre acte quelconque entraînant une modification des droits, ne pourra avoir d'effet légal vis-à-vis des tiers que s'il a été enregistré au secrétariat du gouverneur civil de la province où la première demande a été faite.

ART. 34. — L'enregistrement des cessions et de tout les actes qui entraînent une modification dans le droit sera fait par la présentation du dépôt au secrétariat du gouverneur civil de la province respective, d'un certificat authentique de l'acte ou contrat de cession ou modification.

Dans ce certificat le secrétaire inscrira la date et la page du registre.

Art. 35. — Le gouverneur civil de la province où se fait l'enregistrement de la cession ou de tout autre acte comportant une modification des droits enverra au directeur du Conservatoire des arts, dans le délai de cinq jours, à partir de la date de l'enregistrement, une copie certifiée par le secrétaire et visée par le gouverneur, de l'acte ou contrat de cession ou modification et d'une pièce constatant que l'inscription dans le registre au secrétariat a été dûment faite.

Art. 36. — Le secrétaire du Conservatoire des arts inscrira dans le registre spécial toutes les mutations de droits qui sont introduites aux brevets, après avoir pris connaissance et vérifié la copie certifiée de l'acte ou contrat de cession qui accompagne l'expédition.

Art. 37. — Le directeur du Conservatoire des arts enverra à la *Gazette de Madrid* en même temps que le rapport mentionné dans l'article 26, toutes les mutations de droits apportées aux brevets.

TITRE VII

Conditions pour l'exercice d'un brevet

Art. 38. — Le propriétaire d'un brevet d'invention ou d'un certificat d'addition est tenu de notifier au directeur du Conservatoire des arts et dans le délai de deux ans à partir de la date de son brevet qu'il a mis en pratique son invention dans les possessions espagnoles, une nouvelle industrie dans le pays.

Le délai de deux ans dans lequel il faut justifier la mise en pratique de l'invention ne pourra être prolongé que par une loi, faisant naître ainsi et pour un terme qui ne dépassera pas six mois.

Art. 39. .— Le directeur du Conservatoire des arts par lui-même et par l'intermédiaire d'un ingénieur industriel, ou d'une personne compétente déléguée à cet effet, constatera le fait d'exploitation en faisant les démarches les moins dispendieuses et qu'il jugera nécessaires ; il pourra solliciter la coopération de toutes les autorités ou corporations qui seront obligées de s'y prêter par tous les moyens dont elles peuvent disposer.

ART. 40. — Quand le directeur du Conservatoire des arts juge que l'exploitation est suffisamment démontrée, il en informera le ministre du Fomento.

ART. 41. — Les frais des démarches nécessaires pour s'assurer que l'objet de brevet ou du certificat d'addition a été exploité établissant une nouvelle industrie dans le pays seront à la charge de l'intéressé ; ce dernier ne sera tenu de les payer qu'après l'approbation du directeur du Conservatoire des arts.

ART. 42 — Le directeur du Conservatoire des arts fera transcrire par son secrétaire, sur le même registre que celui des brevets, le procès-verbal de l'exploitation et le communiquera au gouverneur de la province respective.

TITRE VIII

De la Nullité et de la Déchéance des Brevets

ART. 43. — Sont nuls les brevets d'invention :

1° Quand il est constaté que les circonstances de propre invention et de nouveauté ne sont pas exactes ; que l'invention brevetée a été établie ou mise en pratique dans les possessions espagnoles, de la même façon et avec les conditions essentielles qui ont été alléguées comme fondement de la demande ;

2° Lorsque l'objet pour lequel on a demandé le brevet est contraire à l'ordre, à la sûreté publique, aux mœurs ou aux lois du pays ;

3° Quand l'objet du brevet n'est pas semblable à celui qui est exploité ;

4° Quand le mémoire descriptif ne comporte pas tous les éléments nécessaires pour faire comprendre et exécuter l'objet du brevet ou n'indique pas d'une manière suffisante les véritables moyens d'exécution.

Art. 44. — L'action en nullité d'un brevet devant les tribunaux ne pourra être exercée sans une instance de la partie intéressée. Le ministère public pourra néanmoins requérir la nullité quand le brevet sera compris dans le deuxième paragraphe de l'article 43.

Art. 45. — Dans les cas de l'article 43, concernant les nullités et déchéances, les certificats d'addition qui se rattachent au brevet principal subiront les mêmes effets.

Art. 46. — Seront déchus les brevets d'invention :

1° Lorsque la durée de la concession sera expirée;

2° Quand la taxe d'une annuité ne sera pas payée avant chacune des années de sa durée;

3° Quand l'objet du brevet n'aura pas été exploité dans les possessions espagnoles dans le terme indiqué dans l'article 38.

4° Lorsque le brevet aura cessé d'être exploité pendant un an et un jour, sans pouvoir justifier d'une cause majeure.

Art. 47. — La déclaration de nullité des brevets, suivant les cas prévus dans l'article 46, appartient au ministre du Fomento sur l'avis préalable du Directeur du Conservatoire des Arts.

L'intéressé pourra faire appel de la résolution définitive du ministre, par une action contentieuse administrative auprès du Conseil d'État, dans le délai de 30 jours.

La déclaration de nullité d'un brevet comprise dans le 4ᵉ paragraphe de l'article 46 appartient aux tribunaux sur instance de partie.

Art. 48. — Le Directeur du Conservatoire des Arts, après avoir fait inscrire au registre spécial les annotations

voulues, enverra à la *Gazette de Madrid,* en même temps
que le rapport mentionné dans l'article 26, une liste des
brevets par résolution du ministre du Fomento.

Les gouverneurs civils feront reproduire ces listes dans
les bulletins officiels de leurs provinces, et leurs secré-
taires les inscriront dans les registres des brevets.

TITRE IX

*De l'usurpation et contrefaçon des brevets et des peines encourues
par les contrefacteurs et falsificateurs*

ART. 49. — Sont considérés usurpateurs de brevets
ceux qui, connaissant l'existence du privilège, attentent
aux droits du propriétaire légitime, soit en fabriquant,
soit en exécutant par les mêmes moyens l'objet breveté.

Sont complices ceux qui sciemment contribuent à la
fabrication, exécution et mise en vente des produits
obtenus par l'objet du brevet usurpé.

ART. 50. — L'usurpation de brevet sera punie d'une
amende de 200 à 2,000 pesetas ou francs.

En cas de récidive l'amende sera de 2,001 à 4,000 francs.
Il y aura récidive lorsque le coupable aura été condamné
dans les cinq ans antérieurs pour le même délit.

La complicité dans l'usurpation sera punie d'une amende
de 50 à 200 francs, et en cas de récidive d'une amende de
201 à 2,000 francs.

Tous les produits obtenus par l'usurpation d'un brevet
seront livrés au propriétaire dudit brevet, outre l'indemnité pour les dommages et préjudices auxquels ils ont
donné lieu. Les personnes insolvables subiront dans les
deux cas un emprisonnement subsidiaire correspondant
d'après l'article 50 du code pénal.

ART. 51. — Les contrefacteurs de brevets d'invention
seront punis des peines établies dans la 1re section du
4e chapitre, livre II du code pénal.

Art. 52. — L'action en poursuite de délit d'usurpation prévu et puni dans ce titre, ne peut être exercée par le ministère public que sur une plainte de la partie lésée.

TITRE X

De la juridiction en matière de brevets

Art. 53. — Les actions civiles et criminelles concernant les brevets d'invention seront portées devant les jurys industriels; en attendant l'organisation de ces jurys, ces actions seront déférées aux tribunaux ordinaires.

Art. 54. — Si la demande est dirigée en même temps contre le propriétaire du brevet et contre un ou plusieurs cessionnaires, le juge du domicile du propriétaire sera compétent.

Art. 55. — Les actions civiles seront déférées aux tribunaux désignés par la loi pour le jugement des causes de ce genre; les réclamations criminelles se feront d'après les règles du code pénal.

Art. 56. — Le ministère public pourra intervenir dans toute action judiciaire ayant pour objet de déclarer la nullité ou la déchéance d'un brevet d'invention.

Art. 57. — Dans le cas de l'article précédent, tous les ayants droit du propriétaire, inscrits sur le registre du Conservatoire des arts, seront cités devant les jurys.

Art. 58. — Aussitôt la déclaration judiciaire de nullité ou de déchéance d'un brevet d'invention, le tribunal communiquera la sentence au Conservatoire des arts pour que noté en soit prise; et la nullité ou la déchéance sera publiée dans la *Gazette de Madrid*, ainsi qu'il est ordonné pour la publication des brevets.

Les gouverneurs civils reproduiront dans les bulletins officiels de leurs provinces, ces nullités ou déchéances, et les feront inscrire dans les registres des brevets.

TITRE XI.

Dispositions transitoires

ART. 59. — A dater du jour où la présente loi sera mise en exécution, toutes les dispositions antérieures sur les brevets d'invention, d'introduction et de perfectionnement seront abrogées.

ART. 60. — Les brevets d'invention, d'introduction et de perfectionnement en exercice, qui auront été obtenus d'après les règles de la législation antérieure, conserveront leur effet pour le temps pour lequel ils ont été accordés.

ART. 61. — Les demandes de brevets déposées en cours avant la publication de la présente loi se termineront d'après les règles des lois antérieures; toutefois les intéressés pourront choisir la durée et la forme de paiement de la présente loi.

ART. 62. — Tout acte antérieur au sujet de l'usurpation, contrefaçon, nullité ou expiration d'un brevet, sera traité d'après les règles et les dispositions de la nouvelle loi.

Pour l'exécution des présentes :

Nous mandons à tous les tribunaux, justices, chefs, gouverneurs et autres autorités, tant civiles que militaires, ecclésiastiques, de toute classe et dignité, de veiller à l'exécution de la présente loi dans toutes ses dispositions.

Fait au Palais le 30 Juillet 1878.

Contresigné par le ministre du Fomento,   Le roi

C. FRANCISCO QUEIPO DE SIANO.

www.ingramcontent.com/pod-product-compliance
Ingram Content Group UK Ltd.
Pitfield, Milton Keynes, MK11 3LW, UK
UKHW022307120726
13694UKWH00003B/1291